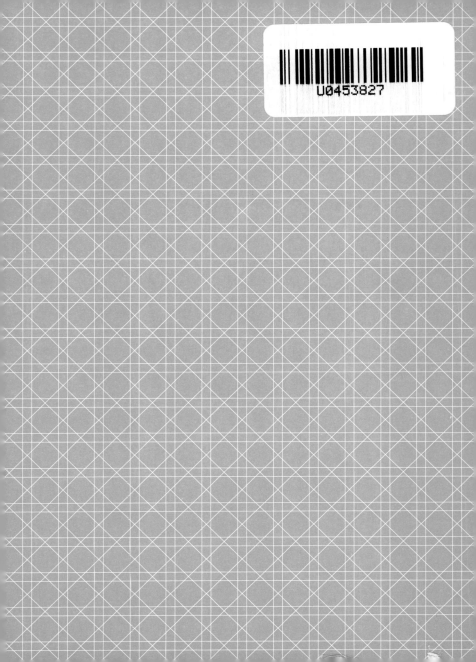
U0453827

迪奥，Dior

THE WORLD ACCORDING TO

CHRISTIAN
DIOR

[法] 克里斯汀·迪奥（Christian Dior）　口述

[法] 帕特里克·莫耶斯（Patrick Mauriès）

[法] 让 - 克里斯托夫·纳皮亚斯（Jean-Christophe Napias）　编

顾晨曦　王紫　译

重庆大学出版社

目　录

三位迪奥先生

The Three Diors

1947 年 2 月 12 日，上午十点左右，正是寒风刺骨的冬日时节，一股不合时令的淡淡花香飘散在蒙田大道上，这天是这一季时装周的最后一天，一位当时不为人熟知的时装设计师在这一天推出自己的首个系列，同时推出的还有一款花香调香水。按照他的要求，这款香水被喷洒在沙龙的各个角落，营造出一种令人期待、潜意识中的性感香气，香气弥漫到了街头。[当时喷洒的是还未正式推出的"迪奥小姐"（Miss Dior）香水，第一批迪奥香水仅制作了 150 瓶，他将这些香水作为礼物送给媒体及购买迪奥时装的客人们]

那天早上，克里斯汀·迪奥（Christian Dior）正式走入大众视野，成为媒体的宠儿。那天早上的时装秀，让精明强悍的 *Harper's Bazaar* 编辑卡梅尔·斯诺（Carmel Snow）说出了脍炙人口的赞美之词："你的裙子代表了新风貌（new look）！"作家柯莱特（Colette）立即将 new look 这个词翻译成法语 nioulouque。这一天同样也被视为时尚界的开创性时刻，并将成为延续至今的业内标准：它确立了设计师与商人之间的合作关系［迪奥先生当时就像资助他的纺织业巨头马塞勒·布萨克（Marcel Boussac）的仆人］，它是大众媒体的黎明时刻，它代表着风格的一致性，它意味着品牌的建立，以及最终，它将时装设计师的个人形象推向神坛，使其身价绝对远超单纯的供应商水准。

当时那些已经成名的时装设计师们，比如雅克·杜塞（Jacques Doucet）、保罗·波烈（Paul Poiret）、可可·香奈儿（Coco Chanel）和让娜·浪凡（Jeanne Lanvin），他们的名气是随着时间的流逝而逐渐建立起来的，他们通过自己新颖的设计获得富裕的客户群的认可和推崇，进而建立起自己的人脉。他们的客户群成员活跃于上流社会的精英社交圈、文学圈和艺术圈，既有巴黎的也有海外的。迪奥先生对这些圈子而言并不陌生，这使得他的案例更有代表性。迪奥先生是一个边缘人物，同时跨越了定义截然不同的时尚与社会两个领域；他也是第一位通过我们现在称之为"媒体活动"的行为来分享生活和工作的设计师，这使他或多或少成为新经济（广义上的）的自发参与者。而时装引导新经济的出现已被某些设计师预见，比如吕西安·勒龙（Lucien Lelong）（迪奥曾供职于吕西安·勒龙的公司，后来辞去了勒龙公司的设计师工作，并创建了自己的公司）。

克里斯汀·迪奥先生出身于保守的中产阶级家庭，自幼深受美好时代的香水和华服的影响。年轻时的迪奥先生与巴黎的波希米亚人交往，与朗松学院（Académie Ranson）的学生、艺术家克里斯汀·贝拉尔（Christian Bérard）成为朋友，他们常在课后聚会。迪奥先生成了混杂的社交圈中的一员，这个圈子里有来自博蒙特（Beaumonts）诺伊尔（Noailles）

等家族的社会名流，也有艺术家、作家和诗人，比如
让·谷克多（Jean Cocteau）、马克斯·雅各布（Max
Jacob）、朱利安·格林（Julien Green）、马塞勒·儒昂
多（Marcel Jouhandeau）和勒内·克雷维尔（René
Crevel）等。迪奥先生和几位年轻艺术家关系紧密，他
们都是克里斯汀·贝拉尔的朋友或是亦敌亦友的存在，
包括尤金兄弟（Eugene brothers）、里奥尼德·伯曼
（Leonid Berman）、神秘的帕维尔·切利乔夫（Pavel
Tchelitchew），他们在历史上留下了印记，被称为"新
浪漫主义者"（这个标签并不是很恰当）。

　　迪奥先生初入职场时，他的职业是艺术经销商，他
与几位彼时也处于事业发展初期的艺术家们达利（Dalí）、
贾科梅蒂（Giacometti）、让·雨果和瓦伦丁·雨果夫
妇（Jean and Valentine Hugo）一起工作，他们对迪
奥先生职场生涯的第一阶段起到重要作用。在父亲的资
助下，迪奥先生于 1928 年与朋友雅克·篷让（Jacques
Bonjean）开设了他的第一家画廊（他父亲的资助条件是
不可以让家族名字出现在公司的名字里，因为他们家族的

社会地位很高）。三年后，篷让陷入了困境，迪奥先生又与年轻的皮埃尔·克勒（Pierre Colle）合作，后者是马克斯·雅各布圈子的一员。尽管画廊最初取得了成功，但由于 1929 年股市崩盘和家庭财务问题的影响，画廊很快就倒闭了。

接下来十年的时间里，迪奥先生参与了各种类型的工作，包括在加入勒龙公司之前，他曾在以优雅著称的罗贝尔·比盖（Robert Piguet）时装公司担任设计师。这个阶段的经历为他未来的职业生涯奠定了基础。1945 年，迪奥先生与马塞勒·布萨克的会面标志着他职业生涯巅峰阶段的开始，迪奥先生人生的最后阶段又可细分为三个阶段，并最终结束在 1957 年 10 月 24 日 —— 迪奥先生过早离世，他的过世距离他创建自己的时装公司正好也是十年时间。

迪奥先生最后阶段的十年以一系列"线条"为时装标志 —— 花冠（Corolle）、插翅（Ailée）、郁金香（Tulipe）、铃兰（Muguet）、H 系列、A 系列、Y 系列、纺锤（Fuseau），等等 —— 这些线条改变、重建乃至重新定义了女性身

体线条。迪奥先生经常合作的时尚插画师勒内·格鲁瓦
（René Gruau）也是一位线条大师，他是大画家图卢兹 -
罗特列克（Toulouse-Lautrec）的继承人，图卢兹 - 罗
特列克是 19 世纪末的巴黎画坛偶像，他对迪奥先生影响
巨大，直接影响了他对时尚插画家的选择。"线条"一词
是艺术和平面设计之中频繁出现的词汇，它在时尚领域的
影响也是一样的。线条（即服装轮廓线条）标志着作为高
级定制设计师，迪奥先生的职业发展从一个阶段到下一个
阶段的连续性 —— 换言之，从一个迪奥到另一个迪奥。
线条也是迪奥先生在媒体采访与写作里的主题词，包括两
本半自传性质的著作：《克里斯汀·迪奥与我》（*Christian
Dior et moi*）和《我是时装设计师》（*Je suis couturier*）
（虽然是个害羞的人，但作为新风貌的创作者，迪奥先生
有很多话要说），在这些文字资料里，迪奥先生多次提及
身份差异：克里斯汀是一个胆小但品位无可挑剔的唯美主
义者，迪奥是一个浮华场上的虚构人物。若没有前者，后
者也不会被看到，虽然前者容易被人遗忘。不同于香奈儿
女士对那些时髦简洁的句子有着始终如一的直觉，迪奥先

生的表达方式有种简洁且真实可靠的特质，这一点我们可以在本书接下来的页面里领略一二。他曾风趣地总结过："我是一个温和的人，但我的品位很有攻击性。"作为一个迷恋昔日美好又心怀梦想的人，迪奥先生有能力捕捉到时代的精神，他在历史长河里留下无可非议的印记，且没有损伤过他坚持一生的愿景和美学理念。

帕特里克·莫耶斯

CHRISTIAN ACCORDING TO DIOR

迪奥谈克里斯汀

年少时，我和这个年龄段的所有男孩一样，喜欢观察女人，欣赏她们的身材，被她们的优雅打动。但是那时如果有人预言我未来会成为一名服装设计师，会详细研究面料切割、拉伸和立体剪裁的工艺，我会非常惊讶。

★

我是凭直觉学习的，有时会觉得很难。但通过工作，你会了解到织物的不同可能性：垂褶、直纹以及斜裁。我做的衣服越多，学到的就越多。

★

入行这么晚，又没有经历学徒阶段的系统性学习，我只有凭自己的直觉，毫无章法地学习，缺什么就学什么。进入一个每天都能学到东西的行业，我一直担心自己的知识储备不够用，害怕自己会成为永远的业余爱好者，也许正是这种恐惧帮我打消了最后的疑虑，迫使我创造出克里斯汀·迪奥的形象。

An unintentional
couturier, I would be
ungrateful and most
of all inaccurate if I did
not begin my story
with the word

LUCK

written in
capital letters.

作为一个因为偶然性而成为设计师的人，
如果我的故事不是以大写的幸运一词开头，
那我就太不知感恩了，且太不实事求是了。

There are
two Christian
Diors,
myself *and the*
other
one,
and they are
increasingly
separate.

He *and I*
have a score
to settle.

有两个克里斯汀·迪奥，一个是我自己，
一个是公众眼中的迪奥，二者渐行渐远。
我和他之间有些旧账需要清算。

1905 年 1 月 21 日，我出生在曼彻省的格兰维尔，父亲是亚历山德拉·路易·莫里斯·迪奥（Alexandre-Louis-Maurice Dior），他是一个企业家，母亲是玛德莱娜·马丁（Madeleine Martin），她不工作。我有一半巴黎血统一半诺曼底血统，诺曼底是我的出生之地，我非常热爱那里，尽管我从没回去过。我喜欢亲密朋友聚会；讨厌噪声，讨厌世俗喧嚣，讨厌任何突然的变化。

那个迪奥是伟大的时装设计师。他是蒙田大道上被华美建筑群环绕着的精品店，他是上千人的集合，是晚装裙、长袜、香水、广告牌上的广告、媒体上的照片。每隔一段时间，他会发动一场没有流血（但有大量墨水）的小革命，他的影响力波及范围之广，在世界的另一端也可以感受到。

★

任何小事都足以将两个迪奥彻底区别开来。那个迪奥是时代产物，他沉浸在他的世界里，他为自己的革命性而自豪，或者说为令人眼花缭乱的创作而自豪。我则出生在一个资产阶级家庭，我对生存有着清醒认知，并为之感到自豪。

在日常生活中，有些人成名之后就会遇到一些不幸的事情。他们就像小说里的人物，人们谈论着他们的故事，而这些故事被粉饰和夸大了。事实上，大多数人无论是否成名，他们的生活都没什么变化，一如既往地过着简单的生活，也就是工作、大量的工作，还有那份敬业精神。为了不让公众失望，我是否应该改变自己呢？

我是否应该采取减肥方案呢？那意味着我放弃的不仅是美食，还有我的生活中能给我带来快乐的一切。所以我几乎立刻放弃了。我作为设计师应该有的形象和实际的我之间的差距太大了。令我欣慰的是，我选择了顺应自己的天性，多年之后，我已经习惯了这样的自己。

Other than the fact that I never liked seeing myself in pictures, I felt that my presence as a rotund gentleman, always dressed in the neutral colours of a

Parisian from Passy,

would never resemble the pin-up-boys or the decadent Petronius figures that are the standard image of

fashionable couturiers.

我从来都不喜欢看到照片里的自己，我觉得自己是一个圆圆胖胖的男人，一个总是穿着中性色调的衣服、住在巴黎帕西区的男人。我永远不会成为时装设计师们的标准形象，我不是那种媒体上受欢迎的漂亮男人，也不是古罗马作家佩特罗尼乌斯那般风雅颓丧的人。

从根本上说，我所知道、看到和听到的一切，也就是我生活中的一切，全部都变成了裙子。做裙子是我的梦想，但温柔的梦想已经走出了幻想的领域，走入了日常用品的世界。

★

我把我的手艺视为一种对抗方式，用来对抗我们这个时代的平庸和消沉。

★

我的愿望是快速完成工作，但我在工作中投入的热情和专注让我违背了愿望。

★

时尚有它自己的生命，有它自己的道理，虽然那些道理难以解释。对我来说，我只知道自己欠了礼服设计哪些债：关心、担心、激情。它们始终并且只能是我日常生活的写照，是我的情感，是涌动的快乐。虽然有些时装的设计让我失望或让我上当，但其他时装则衷心地爱着我，一如我对它们的爱一样忠诚。我可以说，时装设计是最让我兴奋和激情澎湃的事情。我痴迷于此。倘若可以我想这样说，它们吸引了我的注意力，然后占据了我的心灵空间，最终它们深深植根于我的生命之中。

This craft can only be done with love. You have to put your whole **heart** into it.

这门手艺只能用爱来完成。
你必须全身心地投入其中。

The first
applause
is always
a source
of fear.

最初赢得的掌声总让人心惊肉跳。

成功什么都不是，它只意味着工作，更多的工作。

★

成功从何而来？我无从预测。它会从我所期望的道路上来临吗，那条大胆的、真正创新的道路？或者恰恰相反，公众会对我个人偏爱的设计望而却步，转而赞美其他设计吗？还是他们会对一切都无动于衷？这些困扰是我的灾难，每到夜晚降临，它们就开始纠缠着我。

★

总的来说，让我觉得兴奋的设计，都会令公众感到不安。大家的眼睛需要一个习惯的过程。

★

有些用爱制作的高级定制礼服裙会被冷落，而另一些只靠技巧制作而成的礼服裙却收获了热烈的掌声。巨大的成功所带来的快乐，总是伴随着一些苦涩和些许失望。

ACCESSORIES ACCORDING TO DIOR

迪奥谈配饰

当你想创作出轮廓线条与廓形时，我相信一定是从头到脚创作的，从帽子到鞋子，包括手套与提包。

★

可能有数百人和你戴着同一款围巾，是你的佩戴方式让它变得与众不同。独特性这事儿，从来不是钱的问题。

★

配饰是一个迷人的补充，但最佳效果总是由尽可能少的配饰完成的。

★

鞋子很重要，因为当人们的目光从你的脸上移开后，就会落在鞋子上。

★

为了挑选一双鞋子，再怎么精挑细选都不为过。很多女人觉得鞋子不重要，然而女性的优雅往往体现在她的脚上。

HIGH
HEELS
ARE
AN
INVALUABLE
PEDESTAL.

高跟鞋是无价之宝。

现在女性不再像过去那样重视帽子了，
我对此感到遗憾，毕竟，当你遇到一个人时，
通常你会先去看对方的脸，而帽子确实是脸部的一部分。

I am rather
sorry to see
that women do
not wear hats
as much as they
once did. After
all, the first thing
you see when you
look at a person
is their face and
a hat is truly part
of the face.

我觉得，没戴帽子就意味着装扮没有完成。

★

多买些帽子吧，要比衣服买得多，因为帽子是让人快乐的产物。

★

帽子是女性气质的精髓所在，但这些词语隐含轻浮之意。

★

这般能展现风情的强大武器，如果不用，实属不该。

★

在我早期的设计中，帽子都大受欢迎，相较而言，我的礼服裙的受欢迎程度则要逊色一些，这可能是我一直努力确保帽子要制作精良的原因之一。

★

对我来说，没有帽子是无法完整地展示一个时装系列的。即便穿着世界上最漂亮的礼服，如果模特们没戴上帽子，那么某种程度而言，她们就像裸体一样。

COLOUR ACCORDING TO DIOR

迪奥谈色彩

绅士们更喜欢……多姿多彩。

★

任何颜色，无论多么令人愉快，如果你每天都穿它，都会失去魅力。色彩也需要变化，常换常新。试想一下，倘若天空总是蓝色的，我们还会欣赏它吗？

★

我的童年里，除了那几件艺术品之外，我最喜欢的事儿是阅读 Vilmorin-Andrieux 的彩色花卉目录，然后用心记住所有花卉的名称与描述。

A collection could be quite persuasively created in black or in white, but why deprive fashion and women of the luxury and charm of colour?

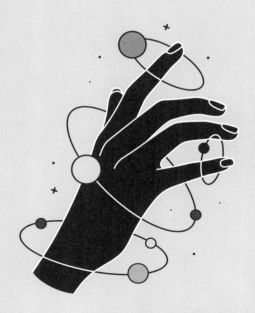

黑色或白色完全可以非常有说服力地构成
一个时装系列，但是，为何要剥夺色彩为
时尚界和女人们带来的华美与魅惑呢？

I love
GREY

★

It's the most practical and elegant of the neutral colours.

我爱灰色。

灰色是最实用、最优雅的中性色。

BATTLEMENT
GREY
MOTH
GREY
WHISPER
GREY
DAWN
GREY
URANIUM
GREY
MARENGO
GREY
ÎLE-DE-FRANCE
GREY
WALK-THROUGH-WALLS
GREY
TRIANON
GREY
MAGNET
GREY

城墙灰、
飞蛾灰、
絮语灰、
黎明灰、
铀灰、
马伦戈灰、
法兰西岛屿灰、
穿墙灰、
特里亚农灰、
磁铁灰
……

porcelain pink...
whisper pink...
French pink...
frost pink...
Boreal pink...
dusky pink...
flamingo pink...
ibis pink...
pale cloud pink...
peony pink...
firebrand pink...
happy pink...
Indian pink...
begonia pink...
autumn pink...
Rose Bertin pink...
electric pink...

瓷器粉、絮语粉、法国粉、霜粉、博雷亚尔粉、暗粉、火烈鸟粉、
朱鹭粉、淡云粉、牡丹粉、火把粉、幸福粉、印度粉、秋海棠粉、
秋季粉、罗斯·贝尔坦粉、电光粉……

The softest of colours.
Every woman
should have

PINK

in her wardrobe.
It's the colour of
happiness and
femininity.

粉色是最温柔的色彩，每个女人的衣柜里都应该有一件
粉色的衣服，它是能带来快乐和女性气质的色彩。

红色是生命的颜色，它活力四射、魅力十足。我爱红色。

★

口红们留在我脸颊上的印记，预示着一个时装系列的成功，而且，红色是我的幸运色。

SCREAM
RED

BLAZING
RED

ZINNIA
RED

DEVIL
RED

MADDER
RED

ARA
RED

EMBER
RED

POPPY
RED

GERANIUM
RED

DIOR
RED

CHRISTMAS
RED

ROYAL
RED

GOYA
RED

尖叫红、
炽烈红、
百日菊红、
魔鬼红、
茜草红、
传奇红、
余烬红、
虞美人红、
天竺葵红、
迪奥红、
圣诞红、
皇家红、
戈雅红
……

有些人觉得绿色不讨喜。我不认同这种观点。我自己也很迷信，但是绿色总是给我带来好运。绿色是一种迷人且优雅的颜色。

★

这不就是大自然的颜色吗？通常，当你以自然为参照时，你就不易出错。

Longchamp green...
Vertigo green...
Aiguevives green...
Aigue-mortes green...
lichen green...
seaweed green...
kelp green...
dawn green...
dusk green...
lawn green...
Irish green...
Spanish moss green...
grass green...
spring green...
Dauphin green...
Turkish green...
winter green...

隆尚绿、
眩晕绿、
艾格维夫绿、
艾格莫尔特绿、
青苔绿、
海草绿、
海藻绿、
黎明绿、
黄昏绿、
草坪绿、
爱尔兰绿、
西班牙苔藓绿、
草绿、
春日绿、
王储绿、
土耳其绿、
冬日绿
......

PARIS BLUE… NORDIC BLUE…

HUMMINGBIRD BLUE…

MACAW BLUE… ALTITUDE BLUE…

STORM BLUE… ORIENTAL BLUE…

FLAME BLUE… ENAMEL BLUE…

FRENCH BLUE… ATLANTIC BLUE…

HYDRANGEA BLUE… DIOR BLUE…

VERMEER BLUE…

FONTAINEBLEAU BLUE…

MARIE ANTOINETTE BLUE…

PERSIAN BLUE… TYROLEAN BLUE…

MAGNETIC BLUE…

巴黎蓝、北欧蓝、蜂鸟蓝、金刚鹦鹉蓝、高原蓝、风暴蓝、
东方蓝、火焰蓝、珐琅蓝、法国蓝、大西洋蓝、绣球蓝、
迪奥蓝、维梅尔蓝、枫丹白露蓝、玛丽·安东奈特蓝、
波斯蓝、提洛尔蓝、磁铁蓝……

Of all colours, only

NAVY

BLUE

can truly rival black.

在所有颜色中，只有海军蓝才能真正与黑色媲美。

黑色适用于一天中的任何时间段。
深黑色的天鹅绒和羊毛天鹅绒，亮黑色的塔夫绸和缎子，
哑光黑色的羊毛、罗缎和丝缎。

Black for any time
of day. The
DEEP BLACK
of velvet and
wool velvet, the
GLOSSY BLACK
of taffetas and
satin, the
MATT BLACK
of wool, grosgrain and faille.

It's so black that it
becomes a colour.

它如此之黑，所以它成为一种颜色。

我们称黑色为荣耀，并将其列为颜色之一，因为通过织物对比、装饰品和配饰的搭配，它成为色彩的积极元素。

★

尤其值得一提的是，无论在早上、下午还是在晚上，蚁壳黑都是最为浓郁的黑色，这是我们尤为钟爱的颜色，因为它最简约、最正式，而且最能延伸线条⋯⋯

★

黑色是最珍贵、最实用、最优雅的颜色。

★

黑色显瘦，它能让你看起来状态很好，除非你身体有恙。

对任何人的衣橱而言，小黑裙都是必不可少的。

★

无论织物质地如何，黑色都是理想的颜色。如果你只能选一件礼服，我肯定会推荐黑色。

★

一套小黑西装的优雅和实用性，无与伦比。

★

法国女人善于穿黑色，与一种鲜亮颜色形成对比时，黑色是最好的选择。

★

一本书的容量不够我写尽对黑色的赞美。

A good
little black
dress
can never
be beaten.

一条精良的小黑裙是无懈可击的。

COUTURE ACCORDING TO DIOR

迪奥谈高级定制

高级定制时装首先是款式和面料的结合，这样的结合就像婚姻。我们都知道有的婚姻是幸福的，但也有不幸的。

★

高级定制时装的存在和昂贵至少有两个基本原因。首先，它是原型，故而很昂贵。其次，它代表着认真付出的努力能获得胜利，它是手工艺的奇迹，它是杰作；它代表了数百个小时的工作。这是它的内在固有的价值。同时，它还拥有另一种无法估量的价值。它就像世上的第一颗覆盆子或第一朵雪花莲。它领先于时代，是新颖的。它也是未来的，通过穿着它的方式，它将成为巴黎时尚潮流，进而成为世界的时尚潮流。

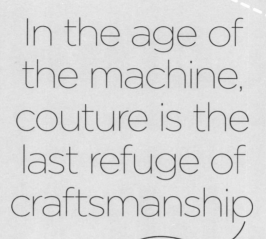

In the age of
the machine,
couture is the
last refuge of
craftsmanship

机器无处不在的工业时代，
高级定制时装是手工艺最后的避难所。

Couture
should
be interested by
life,
always.

高级定制时装总会被生活所吸引。

我认为，高级定制时装如果想要保留其地位，就永远不能忘记保持活力。我的意思是，它必须适应每个现代女性的生活所需，无论其技术质量如何，都必须小心地避免成为博物馆里的收藏陈列品。

★

巴黎高级定制时装一直以来的使命之一是：敢于走上人迹罕至的道路，摒弃陈规，不断革新。

★

我们出售的是创意，而不仅仅是成品。高级定制时装的终极目标不仅是制作服装，而且是创造服装，创造出新的款式、新的裁剪、新的面料使用方式。在瞬息万变的时尚界里，将全新的、前所未见的事物推向市场。从某种意义上说，高级定制时装产业是一个非物质性的产业。

★

一个高级定制时装屋，首先是一个研究实验室。

高级定制时装的裁缝们是重要角色。当灰姑娘的仙女教母缺席时，他们是唯一拥有"华丽变身"天赋的人。同时，如果华丽变身之前没有隆重的仪式和满怀的期待，变身就会失去大半的华彩。奢华的礼服、华丽的欢迎仪式、火炬游行庆典，这一切满足了每个人内心深处潜藏的、对魅力的渴望。

★

高级定制时装是奇迹，亦是奇迹所剩不多的最后的避难所之一。从某种角度而言，它是梦想的主人。

★

高级定制时装的最终目的是美化而不只是着装，是装扮而不只是穿衣。

★

我们是创意提供者。

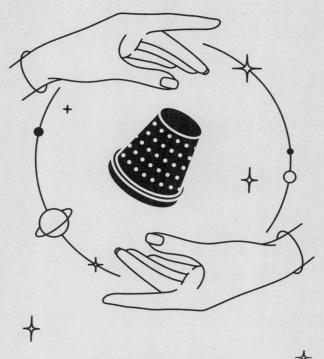

在我们这个如此缺乏奇迹的世界里，
高级定制时装设计师就像带来奇迹的魔术师一样。

**In our world,
which is so
deprived of
wonders, a
couturier is a kind
of magician.**

巴黎代表着完美的成品。人们从世界各地来到这里，寻找在其他任何地方都找不到的手工品质，故而，我们首先必须要保护好这些高水平的手工艺。

★

在巴黎，高级定制时装是弥漫于空气之中的，是随处可见的流行。

★

无论是法国人还是外国人，每个人都明白：规模盛大的巴黎高级定制，绝非仅仅名利场的盛会，亦非单纯的浮华耀眼之展示，它实则源自一个决心绵延不绝、追求永恒辉煌的文明深处。

巴黎的传统是创新。

The tradition
of
PARIS
is
reinvention.

The need for splendour
that lies dormant in all our
hearts — especially at a time when
we are so deprived of it — has
chosen fashion as one of
its supreme solutions.

对辉煌的需求潜伏在我们所有人的心中，
尤其是在我们被剥夺了这种需求的时候，
于是，我们选择时尚作为最佳解决方案之一。

　　如今我们所处的时代是如此黑暗，大炮和四台发动机的战斗机成为奢侈品，面对此情此景，我们更应坚定不移地捍卫我们原有的这种奢侈品。我无法否认，自己的做法有违当今世界的运转方向。除了寻找衣服、食物、住所这些简单需要，一切都是奢侈品。我们的文明是一种奢侈品，我们必须捍卫它。

★

　　我经常听到有人这样说，时尚变化无常，时尚创作是一种浪费。这似乎是它备受争议的两点。我可能会这样回应，后者抵消了前者的负面影响。更为精妙的是，它们互证了各自存在的合理性。

ELEGANCE
ACCORDING TO
DIOR

迪奥谈优雅

　　优雅一词本身就值得用一本书的篇幅去写就！我要说的是，优雅与财富无关。

　　优雅应该是在简单、温柔、自然和独特之间取得平衡。不必再添加什么，否则就不再是优雅的事，而是装腔作势的事了。

★

　　几乎没有女人有权放弃自己的外表。放弃只是因为懒惰。通过运用自己的智慧，即使是最普通的女人也能创造出美丽的幻象。

★

　　只能买一件衣服的女人通常会精心地选择，以期做出正确的选择。因此，她比拥有很多衣服的女人更能展现出优雅。

Is there a magic key?
That would be too easy, all
you would have to do was acquire
it and all
your worries would
be gone. As it happens,

good taste,
care and
simplicity

– the rudiments of fashion –
cannot be bought. But
they are within reach
of all women.

这世上有魔法钥匙吗？如果有，一切就太容易了，你所要做的就是
获得钥匙，然后，所有的烦恼就都会消失无踪。事实上，良好的品
位、精心的呵护、简约的风格，这些时尚的基本要素是无法用钱买
到的。但它们并非遥不可及，所有女性都能接触到它们。

优雅的女人不会盲目地追随时尚。

★

一件成功的服装必须是非常平衡的，平衡到不需要任何改变。每个元素都是至关重要的：这就是风格。

★

优雅可能是大胆的，但绝对不是奢侈的铺张浪费。奢侈不是好品位。在穿衣打扮时，宁可犯过于朴素的错误，也不要过于奢侈。

★

良好的着装艺术是国际化的——优雅也是如此。

说到优雅，细节和主旨一样重要。
当一个细节出错时，它会破坏整体。

When it
comes to
elegance,
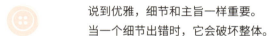 **details**
are as
important
as the
main idea.
When a detail
is wrong,
it spoils
the whole
ensemble.

Being a woman
whose elegance
makes waves
requires

tradition
and chic

(which is a heavenly gift
even rarer than beauty)

AND
GREAT
SKILL.

要成为引人瞩目的优雅女性，不仅要兼顾传统风尚和
时髦格调（这是比美貌更为罕见的天赋），还需拥有
高超的着装技巧。

对男人而言，优雅就是低调，不被注意。对女人而言，优雅意味着被注意到。人们为自己的愉悦感而穿衣服，当然，还有诱惑力。

★

很有可能的是因为我住在巴黎，且经常外出，又混迹于非常不同的圈子，故而，我内心形成了一种独特的优雅概念。但是，我直到开始做设计时，才去研究衣服，旨在了解为何这些衣服有时是优雅的，有时又不是。

优雅的规则精深微妙，遵守那些复杂且微妙的优雅规则，是一种获取自我纪律的方式，同时也是与外界、他人以及物质世界达成理解的过程。

★

时尚就是强调和提升女性的美。

★

无论你在做什么，是为了生存还是为了快乐，都要充满激情地去做！充满激情地生活……这就是时尚的秘密，也是美丽的秘密。没有这种激情，美丽就不可能具有诱惑力。

Never forget that above all, getting dressed means making oneself beautiful.

永远不要忘记，最重要的事儿是：
装扮是为了让自己变得更美。

WOMEN ACCORDING TO DIOR

迪奥谈女性

作为一名服装设计师，我当然希
望为拥有维纳斯女神一般完美身
材的女性做衣服。但在实际工作
中，为身材不那么完美的女性设
计衣服，我也觉得非常有趣。

As a couturier,
I naturally think
of women with
a figure like
Venus. But
when I come
to deal with
reality, I find
great pleasure
in designing
for women who
are less perfect.

我的愿望就是让女人们梦想成真。

★

女人只要相信自己的直觉，就一定会明白，我的梦想不只让她们更美丽，更让她们快乐。她们的赞赏就是我想要的回报。

★

我做设计时构思的对象并不是某位特定的女士。正如我之前说过的那样，我想到的是广大普通女性。

★

作为一名巴黎时装设计师，我不仅要了解法国女性的需求，还要了解全世界优雅女性的需求。

★

我认为，理想的女性魅力应体现出三种特质：法式的温柔、英式的文雅，以及美式的光鲜亮丽。这三者结合，便能成就国际风范的不俗魅力。

纵观历史，女性有一种微妙的取悦外界的欲望，作为时装设计师，则是要尽一切可能帮她们达成所愿。

★

无论高矮胖瘦，每个女人都能让自己更具魅力。

★

（当你看到一个女人时，你首先注意的是什么？）她的脸，尤其是她的眼睛。然后是她的身材以及她的交际能力。

★

所有女人都应该知道，女人生来具有迷人的魅力。

WOMEN DON'T WEAR WHAT *THEY LIKE,* *THEY LIKE* WHAT THEY WEAR.

女人往往不穿她们喜欢的，
而是喜欢她们穿着的。

Form is my guide above all things. A woman's body is the foundation, and the couturier's art is to build and scale a set of three-dimensional shapes around it that will glorify her form.

对我而言，款式是首要的。以女性的身材为基础，时装设计师的艺术技巧是围绕她的身材建立和调节出一套三维模型，以美化她的身形。

在我看来，服装就像短暂的建筑，它的存在旨在颂扬女性的身材比例。石匠们工作时频繁使用铅垂线，时装设计师也是如此。

★

作曲家仅仅使用七个音符就能创作，而每位女性的身体就像一个音符，时装设计师能用它们谱写出成千上万的协奏曲。

★

设计师要装扮的女性无非两类：臀部丰满的，以及臀部不那么丰满的。

我只喜欢纤细腰身，在我看来，这也是大多数女性都梦寐以求的。

时尚潮流变化不停，一个接一个地交替出现。我们对身体不同部位的关注也在变化。令人着迷的是，随着时间的推移，我们会发现各个身体部位特征的魅力，每一代人都有自己的魅力符号。

我反对造作、不自然的时尚。大自然赋予了女人美丽的胸部、腰部和臀部线条，我自然要顺应天意。

我不是说过时尚是一朵盛开的花吗？我是想说，我反对苗条主导的时尚……就像我反对节食一样。

**The waist
is the
central
question
of fashion.**

腰，时尚的核心。

A weapon of seduction: décolletage.

施展诱惑的利器：低胸露肩领。

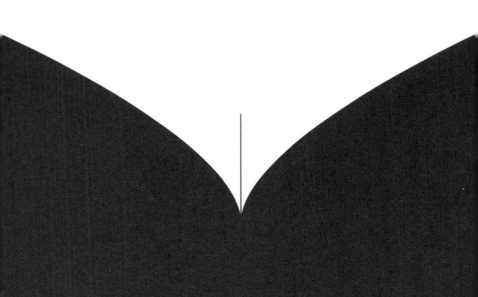

就我个人而言，我非常小心地设计新风格的低胸露肩领，希望使之适合每一个女人。没有什么比这种款式更美好、更女性化、更诱人了。

★

你知道，我出生在一个女人可以真正做女人的时代，我不喜欢战争期间的所谓时尚，战争时期，女人羞于大大方方地做真正的女人。

★

我一直喜欢丰满的胸部。电影明星洛洛布里吉达小姐（Gina Lollobrigida）是我们这个时代最成功的人，我非常仰慕她。

★

我一直有一条守则，那就是随着季节的变化，强调女性身体的不同曲线。不同的身体曲线中，胸部不是最诱人吗？

迪奥,DIOR

哪个女人不曾经历过灰姑娘的故事，化身公主，哪怕只有一晚？

★

魅力女人无惧年龄。

★

如果说，我对日装的设计很严格，那么对于晚装，我的设计则没有限制，一切都为了让一个女人更美丽。

AFTER
WOMEN,
FLOWERS
ARE THE
MOST
DIVINE OF
CREATIONS.

除了女性之外，
鲜花是最神圣的造物。

INSPIRATION ACCORDING TO DIOR

迪奥谈灵感

　　我经常被问及，我的灵感来自哪里。老实说，我不知道。如果一位精神分析学家同时也是一位时装设计师的话，他也许可以通过研究我的一系列设计和我过去生活中的情感，来解开这个谜题。

★

　　时装至少由一千零一个部件组成，同时，一个时装设计师的日常工作，也至少由一千零一种工艺组成。

★

　　如果你认为，新的设计是从大量研究中诞生的结果，那你就错了。大多数情况下，它诞生于巧合，是一次偶然的相遇。当你不断地设计服装时，它们就会无处不在。然后，突然之间，就像一道闪电，一幅设计草图就在你笔下出现了。就是这样!

★

　　我的灵感来自潜意识，它至关重要。我设计得非常快，因为之前经过了长时间的深思熟虑。我无法说明白这些喷涌的灵感来自哪里，我也无法以任何其他方式工作。

I doodle
everywhere:
in bed,
in the bath,
at the table,
in the car,
standing up,
in the sunshine,
in lamplight,
by day,
by night.

我会随时随地涂涂画画：床上、浴缸里、桌边、汽车里、阳光下、灯光下，站着，白天、晚上……

I know
quite a lot
about art

and I've
seen lots of
paintings;

我对艺术有些了解，也看过很多画。
所以，它们也会出现在我设计的衣服上。

it's very
possible that
some of it
comes out in
my dresses.

若你感觉很好，你也会执行得很好。

★

没有什么是凭空出现的，你肯定要从某个地方开始。

★

你可以把同一幅画画很多遍，把同一座房子建很多遍，但你不可能把同一件衣服连续做两遍。没有一种手艺——或者我应该说艺术形式——需要如此创造性的运用。

我感谢上天，让我在美好年代的最后几年里住在巴黎，那段时光给我留下的印记是终身的。

★

以前，我经常和绘画打交道，画家通过绘画来表达自己的个性。后来，那个阶段过去之后，我想用自己的方式表达自己，于是，我开始设计服装。

★

当我完成一件衣服的设计时，我想把它献给一位特别优雅的女士。我觉得它会适合她。这位女士不一定是我的客人，但她肯定是我认识的人。

★

如果今天一个时装设计师可以与你谈论自己的职业了，那是因为他的职业已经从一种手工艺形式上升为一种艺术创作形式：他能将签名留在衣服上，他可以尝试用自己的品位影响旁人。过去，占主导地位的是面料，现在则是风格。

For a dress to be a success, you have to have an idea of what it will be like when it's brought to life by movement.

一件衣服要大获成功，设计师必须考虑到当穿衣人处于运动状态时它会是什么样子。

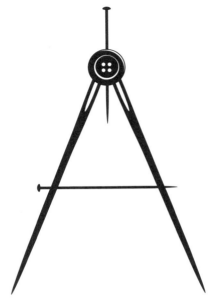

**I WANTED TO BE
AN ARCHITECT.
AS A COUTURIER,
I AM OBLIGED TO
FOLLOW THE LAWS
AND PRINCIPLES
OF ARCHITECTURE.**

我早年想成为一名建筑师。现在，作为一名
时装设计师，我有义务遵守建筑规则。

比例是最重要的。它们必须经过精心计算：腰部装饰褶襞或下摆卷边长度都必须精确到厘米，有时甚至要精确到毫米。时装与建筑一样，对精确度要求极高。

★

人们渴望缝制或剪裁精良的服饰，然而，早在这种渴望出现之前，时装设计师就已经有了表达自我的渴望。在同等条件下，时装设计也有可能成为一种表达方式，尽管短暂，但仍可与建筑或绘画相提并论。但是，即使艺术表达是主要目标，一个时装系列也不一定能取得成功，除非它也经过精心剪裁和缝制——正如漂亮的房子，若没有被很好地建造出来就毫无意义。

★

为了满足自己对建筑轮廓和精确度的渴望，我希望我的礼服能围绕女性身体营造曲线，给她一个风格化的廓形。

一件礼服比一位时装设计师更具说服力，尤其是如果它能被穿得很精彩。

★

当我设计的礼服完工之后，我似乎就对它们失去了兴趣，我基本不会见它们了。它们成了待售的商品。

★

服装的设计关乎构造，需要根据面料的纹理进行构造。这就是时装的秘密，这个秘密和建筑的秘密一样，同样依赖万有引力定律。面料下垂的方式，以及因这种下垂方式而形成的线条和相应的平衡，它们都取决于面料的纹理方向。

GOWNS SHOULD
HAVE A

soul

AND SHOULD
SAY SOMETHING.

外套是有灵魂的，它是有话要说的。

In the studio,
every new
collection is like
the coming of
spring and the
pieces of fabric
are the fresh
young shoots.

在工作室里，每一季的
新系列的研发都像春日来临，
每一块面料都像新鲜嫩芽。

　　我们这行的秘密之一是：充分利用面料的纹理，切换不同裁片的方向。

★

　　想法和面料都相同时，衣服可能很成功，也可能很失败。

★

　　宁可只拥有一条好面料的礼服裙，也别要两条材质廉价的。

★

　　面料是我们梦想的载体，也是滋养我们的创意源泉。它是我们创作灵感的出发点。许多礼服的最初灵感都源自面料本身。

你如何向客户承认，一件不起眼的连衣裙和一件华丽的晚礼服需要付出一样的劳动？

★

我曾寻找过时尚的本质。真正的奢侈根植于真正好的面料和工艺。

★

时装就像款式与面料的联姻。剪裁得体的衣裙是剪裁尽可能少的衣裙，这是时装的最大秘密之一。

What is on the inside
is often more important
than what the eye
can see.

内在的东西往往比眼睛能看到的东西更重要。

巴黎第八区
蒙田大道

THE HOUSE OF DIOR ACCORDING TO DIOR

迪奥谈迪奥时装屋

　　我的想法是创造出一所房子，里面的一切都是全新的：从工作人员到他们的精神状态，从室内家具到房屋的地理位置。

★

　　容我用大胆的言辞来描述我梦想中的时装屋：它不大，一切都经过精挑细选，工作室内的物件极简极少；在里面工作的人遵循着传统的时装定制理念，他们面对的都是非常优雅的客人。我可以专注于设计那些看起来非常简单，但制作起来非常复杂的衣服。

★

　　我们需要的是回归法国时装的奢华传统。在我的想象中，在这个机器无处不在的时代，为了实现这一目标，我的时装屋将会看起来更像一个工艺实验室，而非时尚工厂。

★

　　关于我的时装屋，我能告诉你什么呢？一个人如何能谈论现在正在经历的生活呢？实际上，这一切就是我生活的全部。

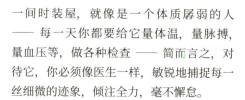

A couture house is like someone in poor health. Every day, you have to take its temperature, feel its pulse, measure its blood pressure, carry out tests — in a nutshell, you must behave like a doctor who leaves nothing to chance, no stone unturned.

一间时装屋，就像是一个体质孱弱的人
—— 每一天你都要给它量体温，量脉搏，
量血压等，做各种检查 —— 简而言之，对
待它，你必须像医生一样，敏锐地捕捉每一
丝细微的迹象，倾注全力，毫不懈怠。

IN MY COUTURE
HOUSE IN PARIS

I have a thousand women.

AND BELIEVE ME,
THAT'S QUITE ENOUGH

for one man.

我的巴黎时装屋，拥有一千位女士，
相信我，这对一个男人来说已经足够了。

如果你不能忍受身边满是不可预测的烦恼和敏感惹出的事儿，那么，你就不能把那么多的人才聚集在一起。这事儿就像布料上的褶皱，数不胜数！

★

在这个行业里，一切都取决于品位，你必须在各个层面上不断考虑每个人的个性。小手（petite main：指有资格从事高级定制服装制作的裁缝师。——译者注）触及的每一条下摆卷边都倾注着心血与创意。

★

一想到工坊都能反映出艺术家真正的个性，我就觉得很感动。正是因为工坊的每个人，我才能完成为自己设定的目标任务，这是一项多么艰巨的任务啊！

★

真正的工艺是能熟练使用所有那些剪裁、组装、试装、缝制和包缝等手艺来表达出你所有的感受和愿望。

当我创作一个新的时装系列时，我负担着 900 个人的薪水。

★

冬季系列是在丁香和樱花盛开的时节创作的，夏季系列则是在落叶飘零或初雪轻舞时创作的。这种创作季节与穿着季节之间的时间距离，是由生产和运输的截止日期决定的，它亦是一种优势，也正是这段距离，让我们创作的系列里有了一点怀旧元素，有了一种对阳光或薄雾的渴望。创作之时所处的季节，会为灵感插上敏锐的翅膀。

A collection should be based on a fairly small number of ideas! Ten or so, at most. You must know how to vary them, explore them, emphasize them, impose them. Around those

TEN IDEAS

the whole collection is built.

一个时装系列应该基于多少的创意想法呢？最多十个。
你必须知道如何对这些创意进行改变、探索、强调，
并强化它们。然后围绕这十个想法，整个系列得以构建出来。

THEY ARE UNBEARABLE AND DELIGHTFUL. THAT'S WHY PEOPLE LOVE THEM. WHAT WOULD THIS CRAFT, FULL OF LIFE AND MOVEMENT, BE LIKE IF EVERYTHING HAD TO BE PRESENTED ON WOODEN MANNEQUINS? I HARDLY DARE TO IMAGINE IT.

模特们既令人难以忍受，又令人愉悦，这也是人们喜爱她们的原因。如果一切都必须呈现在木制模特而非真人之上，那么，这件充满生命力和运动感的创作又会是什么样子呢？我简直不敢想象。

幸运的是，一个时装设计师有着全世界最好的大使，他的模特。

★

财务部门总是认为我雇用了太多的模特，或者给了模特太多的钱；工作室的首席技工认为我没有好好管束她们，认为我让她们逃脱了太多的惩罚；商家有时也会抱怨模特的工作态度。我对此保持沉默。我的模特给我的衣服带来生命与活力，我希望我的裙子们能快乐。

★

礼服和它的模特就像礼服与其面料一样，都是不可分割的。

★

我们必须将顶尖模特和模特中的"灵感缪斯"区别开来。她们并不相同，因为即便面对同一个时装系列，我和我的观众的角度是不一样的。顶尖模特是向外的，她给服装带来了声望，她抓住了礼服的精髓，正如我们业内所说的那样，她让它歌唱起来。"灵感缪斯"则是向内的，她展现出我的想法，从创作的第一刻开始，就将我的创作转化为廓形和运动美感。

我相信，如果没有愿意等待他们的观众，时装设计师们就不会展示他们的创作。时装秀前的最后一刻，时装设计师们总会发现有些很重要的东西需要重新做，这是走秀带来的焦虑和自我怀疑。

★

时尚界就像一个舞台。每次展示自己的新系列之时，你都会觉得这是自己的首次亮相。

★

我的快乐源泉是作品所引发的热烈的赞赏和掌声，我永远不会对此感到厌倦。从模特穿上礼服的那一刻起，到她走到聚光灯下在沙龙里展示礼服，我才有机会，是第一次也是最后一次机会，真正看到我的设计、意识到它们存在的意义。无论我有多么疲累，那稍纵即逝的瞬间总是我的幸福时刻。

★

在一场时装发布会结束之后的欢呼声中，在那一刻，一种新的时尚风格诞生了。

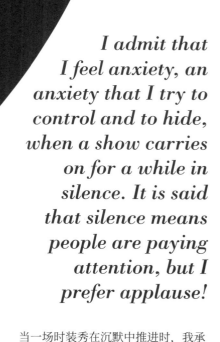

I admit that I feel anxiety, an anxiety that I try to control and to hide, when a show carries on for a while in silence. It is said that silence means people are paying attention, but I prefer applause!

当一场时装秀在沉默中推进时，我承认，这让我感觉到焦虑，尽管我试图控制和隐藏这种焦虑。人们常说，沉默意味着关注，但我更喜欢掌声！

THE
BONDS
that join a
designer and
his clients
are a repicrocal
obligation:
one could not
exist without
the other.

时装设计师和他的客户之间是一种互惠
互利的关系：离开对方，无法独活。

我的客人们是活生生的，她们与设计师和工作人员保持联系。她们的存在是一种提醒。

★

可以毫不夸张地说，对我们设计师而言，我们的客人才是真正的合作伙伴。

★

一个女人对她的时装设计师是有责任的，她要能选出最能展现自己的礼服，因为如果选择的那条裙子不适合她，那么受到损伤的是时装屋的名誉。

★

客人们的要求总是没完没了的，如果我每次都让步，我就会被毁掉。但我不能忘记的是，她们拥有一切的权力，其中包括越界的权力。

FASHION ACCORDING TO DIOR

迪奥谈时尚

时尚精神？（其实是公众一起创造了这种精神）它由许多元素组成：第一是时代精神，第二是逻辑，第三是机会，第四是所有杂志等媒体的选择。

★

礼服不是为了挂在衣架上或放在杂志封面上而制作的，是为了愉快和舒适地穿着……

★

创新精神就是时尚的精神。

*Fashion is no more
frivolous than poetry
or song. Centuries
pass by and with
them, fashion takes
on a kind of dignity;
it becomes a witness
to its time.*

时尚并不比诗歌或歌曲更轻浮。几个世纪过去了，
随着时间的流逝，时尚呈现出一种尊严感；
它成为时代的见证。

Fashion cannot exist
without attention, enthusiasm
and passion.

PASSION

for design…

PASSION

for making… and

PASSION

to keep fashion alive!

时尚的存在离不开关注、热情和激情。
对设计的激情，对工艺的激情，对保持时尚活力的激情！

只有技术才能帮助时尚达成深刻的改变。

★

即使是在最奢侈的设计之中，时尚也必须有意义。

★

时尚总是对的。它有一种深刻的正确性，而那些创造它和追随它的人通常没有意识到这一点。

★

时尚不需要立即触手可及，它只需要存在。

★

时尚因欲望而发展，因厌倦而变革。厌倦感会突如其来，摧毁曾经喜欢过的一切。因为时尚存在的根本原因在于其诱惑与吸引的欲望。故而，时尚的魅力无法源自千篇一律，单调是无聊之母。这就是为什么，虽然时尚可能没有逻辑可循，然而对时尚的感受力却遵循着两种反应：拒绝或认可。

时尚有自己的方式，没有什么能阻止它。

★

睁大眼睛关注时尚，是一种与时俱进的方式，这也是一种让你看起来永远年轻的方式。

★

几乎在人们意识到之前，时尚已经在反映时代特质了。你觉得一个女人穿着考究、时尚，而这个女人其实只是表达出了大众心中的想法。

★

女性对时尚的兴趣，部分源于吸引注意力的需要，部分源于人类渴望新事物的本性。

★

现如今，时尚的稀有魅力已被新奇元素所取代，人们关注的焦点不再是否是拥有最为奢华的外表，而是能否与时俱进。时尚被秘密包围，呈现出更快的季节性节奏，比过去更令人困惑。神秘而让人意想不到的时尚成为奇迹的最后的避难所之一，这要归功于它的未知光环。

Fashion is
a message
that's in
the air.

时尚是一种弥漫在空气中的信息。

The world
has changed
its rhythm.

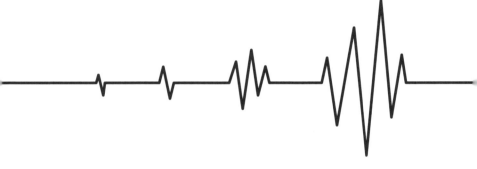

And fashion
has changed
with it.

世界改变了节奏，时尚也随之改变。

创作一个系列需要两个月的时间，然而，时尚必须死去，并且是快速地死去。

★

当时尚传播扩散到街头，最终变得司空见惯之时，它就过时了。

★

随着时间的推移，曾经被认为丑陋的东西被重新发掘，它们的美丽完好无损。这就好像时尚在死后的复仇一样，即使是过度装扮也有一天会重新被视为魅力。

★

的确，时尚被视为一种短暂的工艺品。只有严谨的结构，精准的切割和高质量的执行，才能将我们与衬裙区分开来。

★

一种时尚经受了一系列复杂的影响变得流行或失宠。最成功的时尚，也是最快过时的时尚。

这在一定程度上是因为它们被大规模地模仿，因此变得平淡无奇。只有制服的过时速度是缓慢的。

对于一个高级定制时装设计师而言，改变服饰的廓形是一件微妙的事情。他必须努力弄清楚人们仍然喜欢什么，不再喜欢什么，以及他们可能喜欢什么。在这个《柔情地图》（*Carte de Tendre*，它原指描绘爱情情感的地图或图表，此处引申为时尚潮流的地图。——译者注）的十字路口，而不是其他地方，新的时尚将会被找到。

★

人们喜欢将我描述为一个革新者，但我认为自己根本不是。我只是让女装时尚回归本来面貌，尽力展现女性身体的曼妙风情，仅此而已。

★

时尚是一种对信仰的展示。在这个试图逐一摧毁所有秘密，依靠虚假自信与捏造滋养自身的时代，时尚仍然是神秘的化身，其魔力的最好证明便是它从未像今日这般被广泛地谈论过。

Fashion is a means
of expression like any
other, and it's through my
gowns that I have tried,
for my part, to convey
a taste or a feeling.

时尚是一种表达方式，就像其他任何方式一样，
就我而言，我试图通过我的礼服来表达自己的品位或感受。

1947

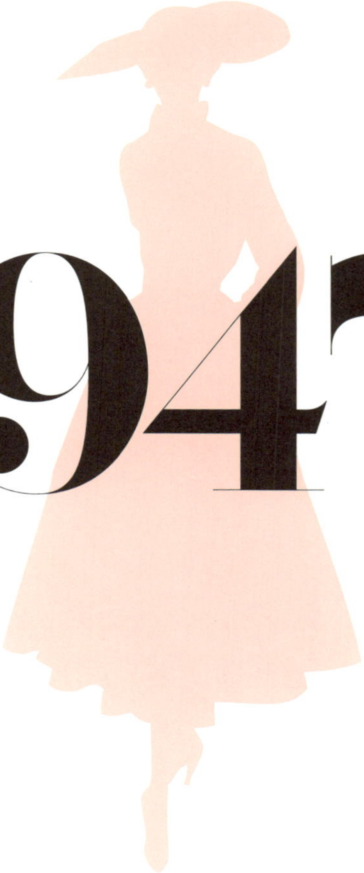

THE NEW LOOK ACCORDING TO DIOR

迪奥谈新风貌

这是我第一次为自己而创作。绝对自由。由我表达出自己内心深处的感受。

★

我必须坦白地承认，在我所有的服装系列里，新风貌这个系列是我最费力但最不担忧的创作。事实上，我没有任何让公众失望的心理负担，因为他们不认识我，所以他们对我没有期望，也没有要求。

★

它被誉为新风格，因为它是我真诚且自然的表达，我想把自己心中所想的时尚创作出来。

新风貌发布之后，我收到了大量的邮件。
倘若一个人的人气可以通过他们收到的信件的重量来衡量，
那么我大约是个非常重要的人。

I RECEIVED A HUGE QUANTITY
OF POST AFTER THE NEW LOOK.
IF SOMEONE'S POPULARITY
CAN BE MEASURED BY
THE WEIGHT OF LETTERS
THEY GET,
I OUGHT TO HAVE
BEEN CONSIDERED
A VERY IMPORTANT PERSON.

**We were
coming out
of a time
of war, of
uniforms,
of soldier-women
built like boxers.**

*I drew
flower-women
with soft shoulders,
generous busts,
waists as slim
as vines and
skirts as wide
as petals.*

我们之前处于战争时期，我们穿着制服，
女战士们就像拳击手一样。

我做出宛若鲜花一样的女装，它有着柔软
的肩部线条、丰满的胸部，像藤蔓一样纤
细的腰部和像花瓣一样绽放的宽大裙子。

新风貌之所以成功，只是因为顺应了时代发展的方向：人们试图摆脱冷酷、没有人情味的机械时代，希望找回传统和永恒的经典。

★

与所有的时代一样，我们自己所处的时代也在寻找一张代表性的脸。展示它的镜子只能是真理的镜子。通过自然和真诚，你甚至毫不费力就可以开启一场革命。

★

我正在看我当时写的新闻稿。它写在一张简单的打印纸上。我画了两个主要的廓形：花冠形和 8 字形。修长的裙子，清晰的腰线，这些刻意突出女性曲线的设计几乎一亮相就被命名为"新风貌"。

当新风貌刚开始流行的时候，人们预测，就像所有的时尚周期一样，它将流行大约七到八年。我那时就说过：一种时尚潮流通常会持续七年。

★

我的目的不是要发动时尚革命，而是要创作出我想做的东西。我的理想是被称为"好工匠"：这是一个相当低调的表达，我很喜欢，因为它意味着诚实和质量的结合。

★

新风貌并没有持续下去，就像所有的革命和激进的变革一样，钟摆摆得太远了，偏离经验太远了。

**Being responsible for
a new movement,
when I tried to analyse it,
I realized that it was
primarily a revival
of the**

ART
OF
PLEASING.

作为一个新运动的负责人，当我试图分析它时，
我意识到它从根本上来说是一种取悦艺术的复兴。

PERFUME ACCORDING TO DIOR

迪奥谈香水

对于我童年时期接触到的女性，我印象最深的就是她们身上萦绕不散的香水味。这些香水香味持久，比今天有过之而无不及，充溢于电梯的空气中，即便女士们走出电梯，香味也久久不去。

★

我是怎么成为一名调香师的？机缘巧合。你知道的，机缘巧合会落在那些真正需要帮助的人身上，而遇到机缘巧合的人通常孕育着无限的创意与梦想，这需要天时地利人和。

★

一款香水想要传世留香，必须先在创造者心中氤氲无限芬芳。

This is why
I became a perfumer
too: so that all I have
to do is remove the
stopper from a
bottle to see all my
dresses wafting out
and so that every
woman I dress
can leave a

TRAIL OF DESIRE

flowing behind her.

这就是我成为调香师的原因：我只需取下香水瓶塞，
让香气在我设计的时装中悠然缭绕，
这样，每位身着时装的女性便能在行走间留下撩动人心的香迹。

Perfume
is a
vital
asset of
femininity.

香水赋予女性别具一格的魅力。

香水是女性魅力不可或缺的补充，是华服的点睛之笔，是朗克雷（Lancret）画作上的玫瑰签名。

（朗克雷是亚瑟王传说中圆桌骑士团的成员之一。他被描述为亚瑟王最伟大最受信任的骑士，出现在很多法国小说和文学作品中。——译者注）

★

对于一个女人来说，拥有淡淡的香味和优雅的服饰，是同等重要的事情。

★

就像你的衣服一样，你的香水也应该表达出你的个性。

创造新香，雕琢瓶身，设计包装，每一步创意都凝聚着无尽的深思熟虑。这是一份令人着迷的工作，以至于今天我觉得自己既是时装设计师，亦是调香师。

★

我们持续工作，不断探索，就像炼金术士追寻魔法石一样。随后，"迪奥小姐"香水诞生了。迪奥小姐诞生于傍晚的普罗旺斯，那时的暮色里闪烁着萤火虫的微光，空气中飘浮着茉莉花香，与星空大地一起协奏着一曲暮夜颂歌。

★

我要创造一款关于爱的香水 [致"迪奥小姐"的创作者保罗·瓦谢（Paul Vacher）]

SPRAY
MORE
PERFUME!

[Before his first fashion show,
in the salons of 30 avenue Montaigne, Paris]

多喷点香水!
(在巴黎蒙田大道30号发布自己的第一个时装秀之前,
迪奥先生如是说。)

DRESSING ACCORDING TO DIOR

迪奥谈装扮

让你衣着得体的是成熟心态，而不是金钱。

★

每隔十年，每个女人都应该重新且清醒地审视自己。

★

你需要的是发掘自我；找出什么适合你，哪种风格的衣服让你感到愉悦舒适。

★

你必须先了解自己，然后才能很好地利用时尚。好的品位是让你成为自己。

★

好的着装品位首先要看起来自然。

First of all,
look at yourself
in the mirror,
and decide what
age you are. What
age you want to look.
And what age
you truly believe
you *can* look.

首先，看看镜子里的自己，确认你的生理年龄。
然后，想想你想让自己看起来是什么年龄。
最后，你需要确信自己看起来是什么年龄。

It's not the
quantity
but the
quality
and care of your
clothes that will
create an effect.

真正能创造出效果的，不是衣服的数量，
而是衣服的质量和你对它们的细致养护。

我确信，如果一个女人不试图拥有太多的衣服，那么保持优雅状态就容易得多。最好是拥有一个小而完整的衣橱，衣服的品质都是极好的。需要补充的是，完整的衣橱是指：为生活中的不同场合各准备好一套合适的服装。

★

整理衣橱的优点之一是：帮你规避爆仓的严重风险。最糟糕的花钱方式就是把钱花在了大量的廉价服装上。仅仅因为它是新衣服就穿上它，这种快乐是短暂的，很快就会消失。因为你很快就会发现，那条裙子或那套西装的外形变得松散，失去了魅力。

★

虽然她可能没有她想要的一切，但一个真正懂得如何穿衣服的女人，即使没有很多衣服也能搭配出完美的衣橱，因为她有自己的风格。

　　我经常被问到，是否建议女性时不时地改变一下自己的形象。我的回答明显自相矛盾，我会对她说："永远做你自己，但要改变你的外在形象。"

★

　　良好的品位是一种能力，一种选择适合你的个性、适合你的生活方式的物品的能力。这种能力筛选出来的时尚单品，能与你的衣橱内的其他衣服相匹配。

★

　　永远不要让一个女人说 X 字形或 Y 字形的礼服不适合她，因为任何一季的系列里，都有足够多的礼服选择来满足各种各样的女性之美。你需要知道如何选择它们，需要了解自己，需要知道如何正确看待镜子里的自己。你所要寻找的不是你想成为的女人的形象，而是你自己的形象。

衣着得体的本质是什么？穿得简单，扬长避短。

The essence of being well-dressed? To dress simply. To make the best of one's good points and to

camouflage the bad ones.

Avoid eccentricity, but be brave enough to adopt anything new that is obviously flattering to you.

要避免变得怪异，但是，要勇敢地接受那些明显对你有好处的新事物。

　　站在时尚前沿的女人，只是从视觉上将众人脑海里的想法表达了出来。她看起来就像其他的女人们也想要的模样——如果她们知道自己想要的模样的话。

★

　　我不建议女性过于拘泥于"经典风格"。永远保持经典风格，是极其乏味的。

★

　　做一个时髦的人，不一定意味着每天都穿不同的衣服。

★

　　我最讨厌看到过度装扮的女人。

DIOR ACCORDING TO CHRISTIAN

克里斯汀谈迪奥

That obscure word
'business'

with all the formidable vagueness that it suggests, has always terrified me.

"商业"，这个晦涩难懂的词语，
以及它所暗示的所有可怕的模糊性，
一直让我感到害怕。

我不是很多人所描述的那种时尚独裁者。我不会规定女人应该穿什么，不会多嘴多舌。我们所能做的就是：给出建议。

★

可怕的专业目光…… 看来我肯定拥有这种目光，但我也必须承认，我永远无法关闭它。有人告诉我，女人在面对这种目光时会觉得自己仿佛一丝不挂。她们都错了，我只是在想象她们穿着其他服饰的样子。

★

当我帮一位女士完成造型之后，我却无法赞美眼前的女士，因为可怕的专业目光的存在，让我的赞美听起来就像是在祝贺自己，赞美自己造型工作的成功，企图从她的成功里面分一杯羹。

　　我认为有一件事是至关重要的，即使是在最奢侈的情况下，那就是简洁。

★

　　疯狂的海报招贴画、渴望宣传的小明星，这些风格现在已经结束了。我们需要找到别的东西。犯错总是会引发连锁反应。

★

　　这大约是我的命数，那些并非我刻意而发的言论，总会引发很多抨击。我没有试图创新，我只是将自己的感受表达出来。但是也许，真诚才是最稀有且革命性的存在。

★

　　就个人喜好而言，我不喜欢太过精致，我喜欢更为自然的造型。

★

　　为了幻想而幻想，为了张扬而张扬 —— 这些东西看着有点像戏服，绝不是高级定制。

Don't expect too much
from me. I'm against
exaggeration in any form.

请别对我期待太高。
我反对任何形式的夸张。

For me,

EVERYTHING

changes
and

NOTHING

has
changed.

对我而言，一切都在改变，但又什么都没改变。

我有反对改变的倾向，但是"反对改变"这个词通常会和"倒退"混淆在一起。

★

我们从不回头，我们之所以能一路向前是因为我们的工作是在制造快乐。

★

一个好设计必须既有延续性又能令人惊讶。作为衣服，它应该尊重公序良俗；作为造型，它应该敢于表达。它是大胆与传统的结合。

"你不能再这样做了。"我经常听到这句话，它让人忧虑，但我想证明它是错的。我拒绝接受战败，拒绝偃旗息鼓。我相信，在任何时代里，如果有人想创造出有价值的事物，他也会和我一样。人们被所处时代的潮流左右，找不到理由大声反对，历史上鲜有这样反对的时刻。

★

我对任何容易的事情都保持警惕。理想规则限制了诗人的创作，实用需求限制了建筑师的创作，但没什么能阻止他们汲取灵感。相反，是规矩与需求盯着一些人，不让其分心。

Our watchword is maintenance: maintaining

TRADITIONS

of quality, traditions which, admittedly, do not always complement the current state of the world and the means available to everyone, but maintaining them nonetheless, in spite of everything, trying to find a place for them and integrating them into the network of modern techniques. Why are we doing this? To pass on these traditions to the generations that will follow.

我们的口号是维护：维护传统的品质。诚然，这些传统并不总是与当今世界的现状相符，也不总是和每个人都可用的方式相合，但无论如何，都要维护传统，努力为它找到一席之地，并将其融入现代技术的脉络之中。我们为什么要这样做？是为了将这些传统传承给后代。

A nice, peaceful,
country life…
that's the life I love.

宁静美好的乡村生活，
我热爱的生活方式。

每次回家，一种非同寻常的感觉就会牢牢抓住我。没有什么比回到自己的土地上感觉更好的了，我同情那些与社区没有足够联系的人，因为他们无法感受到这一点。

★

当我与自己种植的葡萄藤和茉莉花只有几步之遥时，当我走近大地时，脚踏实地的感觉让我更为自由自在。

★

墨山城堡（Château de La Colle Noire），这座宅邸，我希望它能成为我真正的家。在这里，我可以远离巴黎的那种让我生存下来的生活方式；在这个环境里，我重新找到那个我童年时代里备受呵护的花园。这是一个让我终于可以平静地生活的地方，忘记那个克里斯汀·迪奥，再次成为我自己。

装饰和建筑，是我首选的职业。

★

我童年的房子里有我最温暖、最美好的回忆，那是我珍存的回忆。我能说什么呢？我的生活和风格几乎都归功于那座房子的地理位置和建筑风格。

★

住在一个与你毫不相干的房子里，有点像穿着别人的衣服。

★

冒着听起来像个怪物的风险，我必须承认，如果我不喜欢建筑的话，那么，衣服就将是我的全部存在。

By describing its shell you define a snail.

通过描述它的外壳，你就可以定义一只蜗牛。

We only express a thing

well

when we understand it

well.

只有当我们很好地理解一件事时，
我们才能很好地表达它。

对自己过于苛刻和过度放纵自己，都是一样的危险。

★

每个人都有弱点，这也是我们的优势所在。它支撑着我们度过沉闷乏味的日常生活，并为我们在物质方面的成功提供了一个很好的借口，换言之，它让我们获得了实现物质成功的手段。

★

就像命运女神一样，宣传女神会对最不费心讨好她的人微笑相待。

★

你完全有权犯错，只要你在做你喜欢的事情；反过来说，若是为了所谓的成功而勉强自己去做不喜欢的事情，那是难以被宽恕的。

我最喜欢的座右铭是：我会忍耐。

★

我们是乐观主义者吗？是梦想家吗？是乌托邦主义者吗？也许吧。我们很高兴如此。

★

我要求很高。如果你致力于将梦想变为现实，那么你应该坚持到底。

★

我的梦想就是，从头到脚地装扮那些穿"Christian Dior"的女郎们。

I am a
mild man,
but I have violent
TASTES.

我是一个温和的人，但我的品位很有攻击性。

资料来源

BOOKS

Christian Dior, *Christian Dior et moi*
(Paris: Vuibert, 2011)

Christian Dior, *Je suis couturier* (Paris: Éditions du
Conquistador, 1951)

Christian Dior, 'Petit dictionnaire de la mode', in *Dior – 60
années hautes en couleur* (Paris: ArtLys, 2007)

Christian Dior, 'Conversation with Alice Perkins and Lucie
Noël, 10 January 1955', Paris, in *Les Années 50, la mode en
France 1947–1957* (Paris: Paris-Musées, 2014)

*Conférences écrites par Christian Dior pour la Sorbonne
1955–1957* (Paris: Institut Français de la Mode – Éditions
du Regard, 2003)

Cecil Beaton, *Cinquante ans d'élégance et d'art de vivre*
(Paris: Séguier, 2017)

Célia Bertin, *Haute Couture, terre inconnue*
(Paris: Hachette, 1956)

Chapeaux Dior! De Christian Dior à Stephen Jones (Paris,
Rizzoli Flammarion, 2020)

Marcel Jullian, *Délit de vagabondage* (Paris: Grasset, 1978)

Les parfums Christian Dior (Musée de Granville, 1987)

MAGAZINES AND NEWSPAPERS
Aurore
Elle
Hull Daily Mail
Jardin des Modes
Life
Modern Woman
New York Herald Tribune
Woman's Home Companion
Woman's Illustrated

INTERVIEWS
Institut national de l'audiovisuel (INA)
Person to Person, CBS
Radio Genève
Radio Télévision Française (RTF)

作者简介

帕特里克·莫耶斯（Patrick Mauriès）是作家、编辑、记者，出版发表过许多艺术、文学、时尚和装饰艺术类书籍和文章。他撰写过一系列名人传记，包括让·保罗·古德（Jean-Paul Goude）、克里斯蒂安·拉克鲁瓦（Christian Lacroix）和卡尔·拉格菲尔德（Karl Lagerfeld）。

让-克里斯托夫·纳皮亚斯（Jean-Christophe Napias）是作家、编辑、出版商。他撰写过几本关于巴黎的书，包括《巴黎的宁静角落》（*Quiet Corners of Paris*），编辑过法国文学类书籍。

帕特里克·莫耶斯和让-克里斯托夫·纳皮亚斯曾共同制作出这些书籍：《时尚名猫邱佩特的私生活》（*Choupette : The Private Life of a High-Flying Fashion Cat*）、《时尚名言：秀场上的智慧》（*Fashion Quates : Stylish WitéCatwalk Wisdom*），《卡尔·拉格斐的世界》(*The World According to Karl*)、《可可·香奈儿人生笔记》（*The World According to Coco*)。

图书在版编目（CIP）数据

迪奥，Dior / (法) 克里斯汀·迪奥口述；(法) 帕
特里克·莫耶斯，(法) 让-克里斯托弗·纳皮亚斯编；
顾晨曦，王紫译. -- 重庆：重庆大学出版社，2025.5.
(万花筒). -- ISBN 978-7-5689-5223-1

Ⅰ. TS941.11

中国国家版本馆CIP数据核字第2025WY9054号

迪奥，Dior
DIAO，Dior

[法] 克里斯汀·迪奥（Christian Dior）　口述
[法] 帕特里克·莫耶斯（Patrick Mauriès）
[法] 让-克里斯托夫·纳皮亚斯（Jean-Christophe Napias）　编

顾晨曦　王紫　译

责任编辑：张　维　　责任校对：邹　忌
责任印制：张　策　　书籍设计：崔晓晋
内页插画：伊莎贝拉·舍曼（Isabelle Chemin）

重庆大学出版社出版发行
出版人：陈晓阳
社址：（401331）重庆市沙坪坝区大学城西路21号
网址：http://www.cqup.com.cn
印刷：北京利丰雅高长城印刷有限公司

开本：787mm×1092mm　1/32　印张：5.625　字数：103千
2025年5月第1版　　2025年5月第1次印刷
ISBN 978-7-5689-5223-1　定价：89.00元